AF316165

E.-C. VERTHOM

CARNET D'UN VOYAGE

EN

TERRE - SAINTE

PARIS

ÉDITION DE *L'ATELIER D'ART*

—

1907

Tous droits réservés.

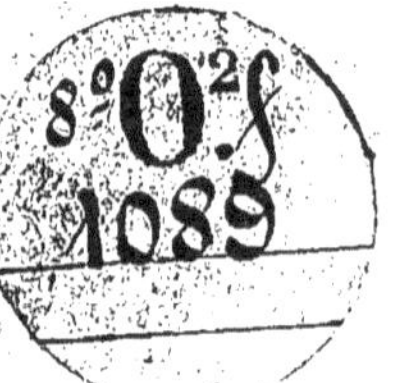

8° O² f
1089

CARNET D'UN VOYAGE

EN

TERRE-SAINTE

BIBLIOTHÈQUE NATIONALE
R.F.
IMPRIMÉS

E.-C. VERTHOM

CARNET D'UN VOYAGE

EN

TERRE - SAINTE

PARIS

ÉDITION DE *L'ATELIER D'ART*

—

1907

Tous droits réservés.

BIBLIOTHÈQUE NATIONALE R.F. IMPRIMÉS

BIBLIOTHÈQUE NATIONALE — IMPRIMÉS

A Madame HEIBY

Souvenir affectueux

CARNET D'UN VOYAGE EN TERRE-SAINTE

par

E.-C. Verthom

Ur *l'Équateur* des Messageries Maritimes, quelle fiévreuse activité, quel vacarme, quel encombrement ! c'est à donner le vertige ! Enfin tout est en place, les amarres retirées, les ancres levées, doucement le paquebot quitte le port de la Joliette, et quand nous avons gagné le large, nous saluons Notre-Dame de la Garde par le chant de l'*Ave Maris Stella*. Le lendemain, on aperçoit la Corse et la Sardaigne, et nous entrons dans le détroit de Bonifacio aux rocs abrupts. Sur un de ces rocs est venue s'échouer, le 15 février 1855, à midi, pendant une effroyable tempête, la frégate *la Sémillante* commandée par le capitaine Jugan, qui emmenait en Crimée sept cents hommes : quatre cents soldats et trois cents marins.

A la pointe sud de l'îlot Lavezzi se trouve

la tombe des pauvres naufragés ; un monument funèbre rappelle la catastrophe.

Aux escales, nous visitons Naples, Athènes, Smyrne, Constantinople, Samos, Beyrouth ; là, nous quittons *l'Équateur* pour prendre *le Prince Georges,* affreux bateau turc qui danse même quand la mer est calme. Nous approchons de la terre sanctifiée par Notre-Seigneur qui vint jusqu'aux confins de Tyr et de Sidon.

A notre arrivée devant Caïffa ou Hèfa, la mer est très mauvaise, les bateaux s'approchent soulevés par des vagues énormes, et sur les flots démontés, notre barque parvient difficilement devant la misérable jetée de Caïffa ; deux Pères Carmes, malgré le danger, nous aident à gravir quelques marches toutes glissantes et nous gagnons le quai.

Nous sommes en Terre-Sainte ; le Mont Carmel est devant nous ; tout le monde se prosterne et nous baisons avec respect cette terre bénie.

En voiture, nous atteignons le sommet du Mont Carmel qui est la plus belle montagne de la Palestine ; sa chaîne a six lieues de long sur une lieue et demie de large, sa plus grande hauteur est de six cents mètres ; dans les bois qui couvrent la montagne il y a encore des animaux sauvages tels que : chacals, sangliers, hyènes, panthères.

Sainte Anne avait sur le Mont Carmel des troupeaux et une maison pour ses pasteurs ; bien des fois elle y vint avec la Très Sainte Vierge.

Le couvent du Carmel, qui ne date que de 1827, est bâti en forteresse ; sa forme est carrée, ses murailles sont très épaisses et percées de nombreuses fenêtres garnies de barres de fer. A droite de la vaste cour, on voit, surmontée d'un phare, la villa d'Abdallah Pacha ; le tout appartient au couvent des Pères Carmes. Au loin, on aperçoit les lumières de Saint-Jean-d'Acre.

L'église dédiée à la Très Sainte Vierge est située au centre du monastère ; deux beaux escaliers, demi-circulaires, en marbre blanc, conduisent au sanctuaire et au maître-autel au-dessus duquel apparaît la belle statue de Notre-Dame du Mont Carmel ; entre les deux escaliers, une large ouverture donne accès dans une grotte naturelle qui fut habitée par les prophètes Élie et Élisée.

En face de la porte du couvent s'élève une pyramide dominée par une croix de fer. En 1875, le grand-duc de Mecklembourg, lors de son passage au Mont Carmel, fit graver sur cette pyramide l'épitaphe suivante : *« A la mémoire des braves soldats français morts au siège de Saint-Jean-d'Acre, en 1799 »*.

Après une nuit de repos, nous descendons et gagnons les voitures qui doivent nous conduire à Nazareth : douze lieues à parcourir avant d'y arriver. Nous passons par les rues étroites de Caïffa, et voici devant nous la plaine d'Esdrelon sillonnée par le Cison ; bientôt apparaissent quelques villages arabes avec leurs maisons, sortes de cubes de pierres grises ; ces habitations sont surmontées d'abris de feuillages rougeâtres où les Arabes passent les nuits pendant les fortes chaleurs.

La caravane s'arrête devant un puits ; les conducteurs font boire leurs chevaux et nous reprenons notre route. Voici la voie ferrée, commencée, abandonnée et reprise. Des Arabes travaillent sous la direction de deux chefs, habillés de blanc et coiffés du casque de liège ; sous un soleil ardent, assises à terre, de pauvres femmes cassent des pierres pour les travaux de ce petit chemin de fer. Sous des chênes verts et des lentisques, halte pour le repos des chevaux, et en route de nouveau. Nous traversons le lit desséché des torrents ; prenant ensuite un chemin bordé de haies de cactus, nous descendons une route qui mène en zig-zag à Nazareth bâtie en amphithéâtre et entourée de collines. Nous mettons pied à terre. Le cawas en tête, suivi d'un pèlerin portant la bannière de Saint Louis, patron de nos pèlerinages à Jérusalem que Monseigneur H. Potard, Prélat de Sa Sainteté Pie X, dirige avec une intelligence et un tact parfaits, nous gravissons la rue qui longe la demeure franciscaine, appelée Casa Nova, les cloches s'ébranlent pour saluer notre venue, et nous pénétrons dans la Basilique aux chants du *Magnificat*, de l'*Ave Maris Stella*. Nous allons droit à l'escalier qui conduit à la grotte de l'Annonciation ; sous l'autel est placée la croix de Terre-Sainte, incrustée dans une plaque de marbre blanc, sur laquelle on peut lire l'inscription : « *Hîc Verbum caro factum est.* » — « Ici, le Verbe s'est fait chair. »

Après une fervente prière, nous allons à Casa Nova où l'on trouve une cordiale hospitalité.

L'église de l'Annonciation est la propriété des Franciscains ; de la maison de la Sainte Vierge, qui est à Lorette, il ne reste, sous le sanctuaire actuel, que les fondements et la chambre creusée dans le rocher auquel était adossée la Santa Casa.

Dans la grotte bénie, des lampes brûlent perpétuellement au-dessus des quatre autels : l'autel de Saint Joachim et de Sainte Anne, celui de l'Archange Gabriel, l'autel de l'Annonciation et enfin celui de la fuite en Égypte ou de Saint Joseph. L'édifice proprement dit renferme cinq autels ; outre la crypte, il possède une église supérieure qui comprend le chœur et le maître-autel.

Devant la façade de la Basilique se trouve une petite place dont le sol est couvert de larges dalles ; elle est entourée d'un mur peu élevé, de là on voit les maisons qui s'étagent jusqu'au sommet de la colline, au loin on aperçoit des montagnes couronnées de figuiers, de grenadiers, de citronniers ; d'un vert presque noir, les fines et longues aiguilles des cyprès se détachent très nettement sur l'azur d'un ciel pur.

Dans la journée, nous allons visiter l'endroit où se trouvait l'atelier de Saint Joseph. — En Orient, ni l'atelier ni le magasin ne sont contigus à l'habitation. — Nous allons ensuite au sanctuaire de la Mensa Christi qui renferme une pierre de forme irrégulière, haute d'un mètre sur trois de largeur. Suivant la Tradition, après sa Résurrection, Notre-Seigneur aurait fait sur ce bloc de rocher, servant de table, un repas avec ses disciples. En revenant de l'église des Grecs unis, sanctuaire bâti sur l'emplacement où se trouvait l'ancienne synagogue dans laquelle Notre-Seigneur commença à enseigner, nous passons devant la fontaine de la Vierge ; nous rencontrons des jeunes filles qui portent gracieusement la cruche ou gargoulette, les unes sur la tête, les autres sur l'épaule ; modestes et charmantes, vêtues de robes de couleurs foncées et couvertes de grands voiles blancs, elles ont, presque toutes, des figures de madones. Les hommes, les enfants sont habillés d'une longue tunique serrée à la taille par une large ceinture ; ils portent la kouffieh ou le tarbouch comme coiffure. Sans avoir le temps de faire l'ascension du Mont du Précipice, ni de visiter la chapelle de Notre-Dame de l'Effroi, nous retrouvons les voitures pour nous rendre à Cana et à Tibériade. Après avoir gravi la colline, nous descendons au fond d'une vallée pierreuse aux herbes brûlées que paissent des troupeaux de chèvres ou de moutons à laine noire ; qu'elles sont jolies ces chèvres, noires comme les moutons et ayant de belles oreilles très longues et toutes bouclées ! Le paysage devient alors très monotone ; enfin, voici Cana, village aux gourbis délabrés. Il ne reste rien de la maison de Simon où eut lieu le premier miracle du Seigneur : à sa place s'élève l'église des Franciscains. En route de nouveau ; dans une plaine, sur des cailloux, sur des hautes herbes, nous défilons rapidement ; nous sommes en plein désert devant une colline à deux sommets : les cornes d'Hattin, comme l'appellent les indigènes ; pour nous c'est le Mont des Béatitudes ; là, le Seigneur prêcha les Huit Béatitudes et enseigna le *Pater*. En juillet 1187 eut lieu dans cette plaine d'Hattine la défaite des Croisés et la fin du royaume de Jérusalem.

Les montagnes au-delà du Jourdain se profilent devant nos yeux, nous arrivons à l'extrémité du plateau au fond duquel s'étend le lac de Tibériade. Je laisse la parole au frère franciscain Liévin de Hamme qui nous dit : « Le lac de Tibériade doit son origine à un cratère dont l'existence remonte à l'époque préhistorique. La forme qu'il affecte, ainsi que son bassin, les eaux thermales qui coulent sur ses rives, les blocs de rochers volcaniques qui l'entourent, les violents tremblements de terre qui ont bouleversé ce point du globe et s'y font encore sentir parfois aujourd'hui, en sont les indices indubitables. » Ce lac a 45 mètres de profondeur, 21 kilomètres de longueur et sa plus grande largeur est de 12 kilomètres.

17

Par des pentes abruptes nous descendons jusqu'à la petite ville de Tibériade, et devant les ruines de son ancienne forteresse, nous quittons les voitures ; par des ruelles étroites, irrégulières, mal entretenues, nous allons au couvent franciscain ; là, était du temps de Notre-Seigneur la maison de Pierre. Après la cérémonie au sanctuaire du Premier Apôtre, nous gagnons la porte du jardinet des Pères ; nous sommes sur la grève couverte d'énormes galets, le lac merveilleux est devant nous. A l'époque du Sauveur, il y avait sur le lac une véritable flottille ; maintenant nous ne voyons que quelques barques lourdes, grossières, qui vont nous servir pour aller à Magdala. Les rameurs entonnent une mélopée plaintive d'un rythme peu varié, mais qui a cependant son charme. Il ne reste rien de Capharnaüm, de Corozaïn, de Bethsaïda, villes maudites par le Seigneur ; il ne reste rien, non plus, des quinze villes qui formaient une ravissante couronne à ce lac, la perle de la Galilée. Nous arrivons à Magdala, sur la grève nous trouvons encore de gros galets et des lauriers roses en pleine fleur. La barque ne peut accoster tout près du rivage ; sur le dos des bateliers, qui ont de l'eau jusqu'à la ceinture, nous sommes transportés sur la grève. Dans un pli de terrain se trouve Magdala, patrie de Sainte Marie-Madeleine. C'est le soir, l'heure de la rentrée des troupeaux ; de près, nous admirons ces jolies chèvres aux longues oreilles, pendant que des enfants déguenillés nous demandent « Bakchiche ». Magdala est un misérable village possédant quelques masures faites de basalte et groupées sans ordre ; on y voit des ruines et les restes d'un mur qui a dû appartenir à une ancienne église. Près de Magdala on aperçoit une haute montagne ; dans son flanc existent des cavernes habitées autrefois par des brigands qui ravagaient tout le pays.

Des Bédouins, d'affreuses Bédouines, la figure tatouée de bleu, nous lancent des regards terribles ! Allons-nous-en ! Ces Bédouins nous suivent en poussant des cris aigus, puis ils se précipitent les uns sur les autres, en battant la mesure avec leurs mains, recommencent leurs cris de bêtes fauves, hurlent, dansent, sautent, le tout accompagné d'une musique composée de cymbales, de tambourins, de fifres :. c'est un sabbat du diable ! Nous respirons quand nous sommes dans la barque, on oublie vite cette algarade, les voiles sont mises et remplacent la rame, nous filons sur ce beau lac comme le vol rapide d'un oiseau, en peu de temps nous revoyons Tibériade. Dans cette ville la chaleur est accablante, quelquefois elle monte à 60 degrés, en outre l'humidité est pénétrante. Aux environs de la ville, il y a des chacals et beaucoup de serpents de toutes les couleurs : les noirs sont les plus dangereux.

Dans l'église de Saint-Pierre les messes se disent sans interruption, on prie avec ferveur. Après un rapide déjeuner, la caravane se met en route pour l'ascension du Mont Thabor qui sera des plus pénibles. Arrivés sur la hauteur, nous avons l'ensemble de Tibériade ; nous voyons sa vieille forteresse à moitié démolie, ses murailles démantelées qui ont encore grand air, ses maisons, l'hôpital, une mosquée, un hôtel, le couvent franciscain et quelques palmiers. Comme population, les Juifs pullulent ; il en est de même partout où nous devons aller. Nous roulons dans une plaine solitaire et nue ; près de Loûbieh, les moukres ont amené des chevaux et des ânes pour l'ascension du Mont Thabor qui est un immense cône au sommet arrondi, aux flancs chargés de chênes verts et de térébinthes. L'ascension est très fatigante et dure près d'une heure. Au sommet, d'anciennes fortifications entourent le Thabor ; nous allons de suite à la chapelle qui est bien pauvre : derrière les fenêtres à petits vitraux, un long serpent gris-perle, pas très gros, s'enroule avec grâce, tantôt à une fenêtre, tantôt à l'autre, aussitôt qu'il entend les sons de l'harmonium, il s'agite, remue la tête de tous côtés et disparaît !

Après le Salut, nous visitons les ruines des anciennes églises que Sainte Hélène avait fait bâtir ; au milieu de ces ruines, une petite croix de fer rappelle le mystère de la Transfiguration.

Montés sur de grosses pierres, nous jouissons d'un panorama très étendu : voici la plaine d'Esdrelon traversée par le Cison, le village de Naïm, plus loin le petit Hermon, les monts de Gelboë, la chaîne tout entière du Carmel, un coin du lac de Tibériade, Saphed, le grand Hermon couronné de neige, la plaine où le général Bonaparte remporta, en avril 1799, la célèbre victoire du Mont Thabor. A nos pieds, on distingue, mais si petites, les maisons assez nombreuses, aux toits rouges, d'un tout nouveau village allemand.

Nous laissons au Thabor 18 pèlerins qui vont faire la Samarie, et nous espérons retrouver tous nos « Samaritains » à Jérusalem, en bonne santé.

Nous quittons la Sainte-Montagne ; à travers les arbustes, sur des pierres qui meurtrissent les pieds, nous descendons en droite ligne par un chemin plus court mais peu facile. Au bas du Thabor, on retrouve les ânes, et par des gorges arides, des collines escarpées, rocheuses, couvertes de buissons, on monte, on descend ; au bout de quelques heures, on arrive à Nazareth : on est littéralement fourbu !

Le lendemain, par la même route, nous retournons à Caïffa où harcelés par d'affreux moustiques, nous sommes incapables de nous endormir. Aussi, quand à deux heures, on frappe à la porte du couvent, tout le monde est prêt à partir. Nous traversons les rues silencieuses de Caïffa, la nuit est belle, la lune nous éclaire ; au port, les barques sont prêtes, la mer est très calme et nous rejoignons le malheureux *Prince Georges* qui doit nous conduire à Jaffa. Sur le pont, nous nous enveloppons de nos manteaux de voyage, car il fait froid ; les fauteuils de bord sont retirés de la cale et nous partons. Dans la nuit on passe près de Césarée qu'on distingue à peine ; dès que le soleil se lève, la chaleur devient très forte, et c'est avec un plaisir infini que nous voyons apparaître Jaffa qui s'étage en amphithéâtre. Les barques approchent, la rade est dangereuse avec sa ceinture de récifs, le goulet est étroit, nous passons sans accident et nous arrivons devant le minuscule embarcadère qui longe les bâtiments de la douane. A Casa Nova nous recevons l'hospitalité.

CARNET D'UN VOYAGE

A Jaffa, l'antique Joppé, Noé construisit l'Arche et Saint Pierre y ressuscita Tabithe, la pieuse veuve. Jaffa est un amas de vilaines maisons. Se détachant toute blanche, l'église russe est soutenue par une tour élancée qu'on aperçoit de loin ; des anciens jardins, il reste une belle végétation d'orangers, de bananiers, de mûriers et de palmiers. Par des ruelles sombres et peu propres, des escaliers étroits, une place où se tient un marché, une rue poussièreuse, nous arrivons à la gare ; nous montons aussitôt en wagon pour nous rendre à Jérusalem.

De Jaffa à Jérusalem il y a soixante-huit kilomètres, mais par suite de nombreux détours le chemin de fer en parcourt quatre-vingt-sept; nous allons monter constamment. Il y a cinq stations qui sont : Lydda, Ramleh, Séjed, Deïr-Abane, Bettir. Nous suivons la plaine de Sâron, pays des Philistins ; Lydda, la première station, est la patrie de Saint Georges ; nous voici dans les montagnes de Judée, c'est une chaîne aride, un chaos de pierres : quelle désolation ! Nous passons la vallée de Sorec où habitait

Dalila, nous faisons halte à Bettir perché sur une montagne, on approche de Jérusalem, on ne parle plus, nous sommes tous en proie à une profonde émotion !

La gare est située dans un vaste creux où les voitures attendent pour nous conduire à la porte de Jaffa ; de hautes murailles crénelées, couleur de cendre, nous cachent El-Kods — la Sainte — : l'aspect de ces épais remparts est noble, triste, mystérieux. Dans la Ville Sainte, par des ruelles étroites, des escaliers en pierre, nous arrivons devant Casa Nova. Aussitôt, sans entrer, nous déployons notre belle bannière de Saint Louis, deux cawas nous précèdent ; des rues pavées, tournantes, couvertes par intervalles, des marches à descendre, nous mènent au parvis du Saint-Sépulcre.

Nous faisons notre entrée solennelle dans la Basilique ; avec respect nous posons nos lèvres sur le sol. Pendant l'allocution du Père Franciscain, nos yeux se lèvent vers la coupole qui est dans un état de délabrement pitoyable : murs noircis, enfumés, peintures qui s'écaillent et tombent comme des loques.

Hélas ! il est impossible d'obtenir la moindre réparation : toutes les communions ennemies qui se disputent le Saint-Sépulcre s'y refusent, soutenues par la Turquie : les Turcs n'appellent-ils pas le Saint-Sépulcre : *El-Qomanah* — l'ordure !

Accompagnés par l'orgue des Pères Franciscains nous chantons le *Te Deum* et nous attendons le moment si ardemment désiré d'entrer au Saint-Sépulcre.

Nous pénétrons d'abord dans la chapelle de l'Ange ; au milieu, on vénère une minime partie de la pierre qui fermait le Saint-Sépulcre ; elle est enchâssée dans du marbre blanc et placée sur une petite colonne carrée. Au fond, une porte très basse donne accès, en se courbant, dans la chapelle du tombeau de Notre-Seigneur ; des lampes d'or et d'argent brûlent jour et nuit au-dessus du Sépulcre Glorieux. Devant le tombeau, il n'y a de place que pour trois personnes. Avant de visiter en détail la Basilique, un Père Franciscain nous apprend que l'empereur Hadrien, en 136, édifia sur le Saint-Sépulcre et sur le Calvaire des temples dédiés à Vénus et à Jupiter. Constantin, converti à la foi chrétienne, résolut de renverser ces temples et pria sa mère, Sainte Hélène, de faire le voyage de Terre-Sainte. En 326, elle fit construire une basilique et réunit dans cette église le Calvaire et le Saint-Sépulcre. Le roi de Perse Chosroës, en 614, fit démolir cet édifice qui fut rebâti vers le milieu du VIIe siècle sur l'emplacement de celui qu'avait élevé Sainte Hélène. Deux fois au Xe siècle le sanctuaire devint la proie des flammes. Les Croisés vinrent au XIe siècle restaurer l'édifice ; il retomba ensuite aux mains des Mahométans. Le voyant oublié et délaissé, les Grecs et les Arméniens non-unis en profitèrent, et achetèrent à prix d'or les sanctuaires. Quand la Basilique fut brûlée en 1808, les Grecs non-unis payèrent au Sultan le droit de relever ses ruines et en devinrent les maîtres principaux.

Revenons sur le parvis du Saint-Sépulcre, place carrée, entourée de trois côtés par de hautes murailles ; cette place est toujours encombrée d'enfants, de marchands, de mendiants, de pauvres lépreux. La façade de la

Basilique où le style byzantin domine, est percée de deux portes, dont l'une est murée.

On entre, il n'y a pas de bénitier comme dans nos églises ; à gauche, assis ou couchés sur un divan très élevé, fumant sans arrêt, les Turcs gardent la porte. En face, on voit une grande dalle recouvrant la pierre de l'Onction qui reçut le corps du Sauveur après sa mort. A droite c'est le Calvaire ; un escalier de 18 marches fort raides qui appartient aux Latins, nous amène au sommet du Calvaire, en hébreu Golgotha. Du temps de Notre-Seigneur c'était une élévation rocheuse perdue dans la verdure des jardins, elle était haute de 4 à 5 mètres. Maintenant les Lieux Saints n'ont plus leur forme primitive ; la place du Calvaire existe bien encore, mais elle a été déformée. Les Grecs non-unis ont entamé la partie la plus précieuse du Calvaire et ils ont enlevé la pierre même dans laquelle la Croix avait été plantée ; ils ont soustrait une grande partie de celle qui fermait le Saint-Sépulcre et détaché quelques morceaux du rocher dans lequel il avait été creusé. Le vaisseau qui portait à Constantinople tous

ces pieux trésors fut assailli par une violente
tempête et la mer furieuse engloutit le navire
avec les Saintes Reliques. Jamais on n'a pu
déterminer exactement le point où ce nau-
frage a eu lieu.

A droite, sur le Calvaire se trouve la chapelle de Notre-Dame des Sept Douleurs et
de Saint Jean l'Évangéliste ; ce sanctuaire
est appelé aussi chapelle des Francs. Sur
son emplacement se tenaient la Très Sainte
Vierge et Saint Jean pendant que les bourreaux fixaient Notre-Seigneur à la Croix.
Tant que la Basilique leur demeurait inter-
dite, les pèlerins venaient jadis pour vénérer
les Saints Lieux dans cette chapelle qui
appartient aux Franciscains. Trois autels
sont élevés sur le Calvaire : le premier, celui
des Latins qui rappelle le crucifiement, est
placé près de la chapelle des Francs, le
deuxième, celui du Stabat Mater qui appartient aux Arméniens non-unis, indique la
place où se tenait la Sainte Vierge quand
on lui remit le corps de son Divin Fils,
le troisième, propriété des Grecs non-unis,
est élevé sur le lieu où la Croix fut plantée ;

la chapelle d'Adam est située en-dessous.

La fente du rocher du Calvaire produite par un tremblement de terre qui suivit la mort du Sauveur se prolonge jusque dans cette chapelle souterraine.

D'après la Tradition, le crâne de notre premier père aurait été enseveli dans ce sanctuaire par Sem, le premier fils de Noé. Après sa sortie de l'Arche, Sem vint fonder à l'âge dé 211 ans Salem qui devint plus tard Jérusalem, et la Tradition affirme que le sang de Notre-Seigneur a coulé, par la fente du rocher, sur le crâne d'Adam pour y effacer toutes les iniquités du genre humain. C'est pour perpétuer ce souvenir si beau et si consolant que souvent on place sur les crucifix une tête de mort en bas de l'image du Sauveur.

Devant la chapelle d'Adam et au sanctuaire même, se trouvait une partie des tombeaux des rois de Jérusalem ; après l'incendie de 1808, les Grecs non-unis ont dévasté sans pitié ces tombeaux et les ont fait disparaître. Nous descendons du Calvaire par un autre escalier, propriété des Grecs non-unis, et en suivant un étroit et sombre passage, nous contournons le chœur qui leur appartient également. Voici, à droite, la petite chapelle de la colonne d'opprobres : Notre-Seigneur était assis sur cette colonne pendant le couronnement d'épines. Nous arrivons à la chapelle de Sainte Hélène ; ce sanctuaire appartient aux Arméniens non-unis : pour y parvenir, il faut descendre un escalier de 29 marches usées et dangereuses. Cette chapelle taillée dans le roc est carrée et ornée d'œufs d'autruche suspendus à la voûte ; de ses deux autels, l'un est dédié à Sainte Hélène. En quittant ce sanctuaire, on descend par un escalier de 13 marches à la chapelle franciscaine de l'Invention de la Sainte-Croix, qui jadis était une citerne. On voit au-dessus de l'escalier une petite niche où se tenait Sainte Hélène pendant qu'elle faisait exécuter les travaux de déblaiement pour retrouver la Sainte-Croix et les instruments de la Passion.

Nous remontons, et à droite voici la chapelle arménienne de la division des vêtements : c'est là que les bourreaux se partagèrent les vêtements du Sauveur. Nous passons devant l'ancienne porte des chanoines du Saint-Sépulcre, pour trouver ensuite la chapelle grecque de Saint Longin où fut pendant longtemps conservée la Sainte Lance, puis une autre petite chapelle : c'est la prison où Notre-Seigneur était enfermé pendant les apprêts de son supplice.

Une large galerie appelée les sept arceaux de la Vierge, nous amène aux possessions latines. La chapelle, placée sous le vocable de Sainte Marie-Madeleine pour perpétuer le souvenir du miracle de l'apparition de Notre-Seigneur à cette sainte femme, ne présente rien de remarquable : elle précède la grande chapelle de l'apparition du Sauveur à sa Très Sainte Mère. On monte 4 degrés pour arriver à ce sanctuaire qui possède trois autels : celui du centre est dédié à la Sainte-Vierge, celui du côté de l'Évangile est appelé autel des Reliques et, du côté de l'Épître, le premier en entrant est l'autel de la Sainte-Colonne de la Flagellation. D'après la Tradition, Notre-Seigneur aurait été flagellé deux fois : chez le Grand-Prêtre et chez le Gouverneur, de là deux colonnes de la Flagellation : une à Rome, à Sainte-Praxède, qui provient de chez Caïphe, et une autre, celle qui était chez Pilate et que les Franciscains possèdent encore.

Dans la petite sacristie, un Père Franciscain nous montre l'épée et les éperons de Godefroy de Bouillon : ces objets sont très simples et sans ornements.

Nous traversons de nouveau la chapelle de Sainte-Marie-Madeleine, puis nous passons entre deux piliers pour arriver au Saint-Sépulcre. La rotonde et la coupole ont été relevées en 1869, aux frais communs de la France, de la Russie et du gouvernement de la Sublime-Porte.

La rotonde est entourée de 18 piliers massifs qui soutiennent deux galeries superposées comprenant chacune 18 arcades ; le tout est surmonté d'une coupole.

Le Saint-Sépulcre, complètement isolé du reste de l'église, est élevé au-dessus du sol par deux marches, il est orné de 16 pilastres en pierre calcaire rougeâtre, le haut du pourtour est couronné d'une balustrade en colonnettes massives et le centre du Monument funèbre est surmonté d'un dôme que supportent des piliers carrés : la façade regarde l'Orient.

L'intérieur du Saint-Sépulcre est divisé en deux parties qui forment comme deux petites chambres presque carrées, accolées l'une à l'autre et communiquant par une porte basse et étroite. La première de ces chambres, nommée Chapelle de l'Ange, est une sorte de vestibule qui conduit au Tombeau. La chapelle du Saint-Sépulcre est longue de 2 mètres 7 centimètres et large de 1 mètre 93, elle a des pilastres peu saillants aux quatre angles ; les parois intérieures sont revêtues de plaques de marbre blanc qui cachent le rocher ; le Tombeau est entièrement recouvert de marbre, il se trouve à droite en entrant et il est inhérent au roc : Grecs, Arméniens non-unis, Franciscains ont le droit de célébrer sur le Divin Tombeau, à des heures réglées d'avance.

En face de l'entrée du Saint-Sépulcre on voit le chœur des Latins qui précède le chœur des Grecs non-unis. Ce sanctuaire était autrefois la propriété des chanoines du Saint-Sépulcre, aujourd'hui les Catholiques en sont exclus ; cependant, la porte est ouverte, entrons : le chœur est vaste et richement orné. On y voit deux trônes : l'un pour le Patriarche et l'autre pour les Évêques : dorures, tableaux et candélabres massifs y sont en profusion. Dans cette grande nef de la Basilique, on remarque une rosace incrustée dans le sol, au milieu de cette rosace se trouve un hémisphère placé sur un vase en marbre blanc ; cet hémisphère, au dire des Grecs, marque le centre de la Terre.

En sortant de ce sanctuaire, on retourne sur ses pas pour longer le Saint-Sépulcre jusqu'à la pauvre petite chapelle des Cophtes qui est adossée au Monument funèbre.

Pour visiter le caveau de Joseph d'Arimathie il faut passer par une chapelle mal entretenue qui appartient aux Syriens Jacobites non-unis ; on pénètre ensuite dans ce caveau qui est creusé en plein rocher, il contient six sépulcres vides et quelques restes d'autres tombeaux. Joseph d'Arimathie qui avait fait construire ce sépulcre pour lui et sa famille est mort en Angleterre après avoir fondé un couvent.

En quittant ce caveau, nous revenons dans la rotonde du Saint-Sépulcre, et passant entre deux piliers, nous voyons l'endroit où se trouvaient les Saintes femmes pendant la Passion : il est marqué aujourd'hui par une pierre circulaire surmontée d'une cage de fer. Nous vénérons de nouveau la pierre de l'Onction et nous quittons le Saint-Sépulcre.

*
* *

Le Cénacle, qui rappelle les souvenirs les plus sacrés, est au pouvoir des Musulmans. La salle de l'institution de la Sainte-Eucharistie sert de mosquée et celle du Lavement des pieds est maintenant un harem.

*
* *

Le Jardin des Oliviers ou de Gethsémani est entouré d'un mur. Un chemin de la Croix se trouve à l'intérieur qui est orné d'un parterre de fleurs au milieu duquel s'élèvent de vieux oliviers que l'on vénère de même que l'arbre de la Vraie Croix. L'olivier, dit-on, ne meurt pas : les oliviers actuels sont en effet les rejetons de ceux qui existaient au temps de Notre-Seigneur. Ces arbres, au nombre de huit, ont des troncs énormes, le plus gros a 8 mètres de circonférence.

*
* *

Dans la Grotte de Gethsémani, ou sainte Grotte de l'Agonie, les Pères de Terre-Sainte — Franciscains — célèbrent, depuis 1393, tous les jours la Sainte-Messe. Au fond de cette grotte se trouve, sous le maître-autel, le lieu précis de l'agonie du Sauveur. « Et il lui vint une sueur, comme des gouttes de sang découlant jusqu'à terre ». (Évangile selon Saint-Luc.)

LA VOIE DOULOUREUSE

On donne ce nom à une suite de rues qui, partant du Prétoire de Pilate, aboutissent à la Basilique du Saint-Sépulcre ; c'est sur leur parcours que, tous les vendredis, les Franciscains font publiquement le chemin de la Croix.

CARNET D'UN VOYAGE

*
* *

Sur le Mont des Oliviers ou de l'Ascension, sur l'emplacement de la basilique que Sainte Hélène avait fait construire, à l'endroit même où Notre-Seigneur Jésus-Christ monta au Ciel, s'élève une petite mosquée. On peut y célébrer sur des autels portatifs. L'empreinte du pied gauche de Notre-Seigneur se voit sur le sol en calcaire dur ; cette empreinte est encadrée d'une petite bordure de marbre blanc.

*
* *

D'après la Tradition la plus ancienne, la Sainte Vierge est née à Jérusalem.

Les Pères de l'Église appelaient Marie « La Jérosolymitaine ».

Saint Joachim et Sainte Anne avaient à Jérusalem une habitation qui était auprès de la piscine Probatique et non loin du seul Temple qui fut alors dans le monde entier consacré à la gloire du vrai Dieu. Sur l'emplacement de cette maison où est née la Vierge Marie s'élève l'église de Sainte-

Anne. Depuis la guerre de Crimée, 1856, Abdul-Medjid, empereur ottoman, donna à la France l'église et le terrain environnant. En 1878, la garde du sanctuaire fut confiée au cardinal Lavigerie, fondateur des Missionnaires de Notre-Dame d'Afrique. Près de l'église, Son Éminence a fondé un couvent pour ses religieux, appelés Pères Blancs, et un séminaire pour les jeunes gens qui se destinent au sacerdoce grec-uni. L'église de Sainte-Anne se divise en trois nefs qui se terminent par une abside. Ce sanctuaire est très simple, il est éclairé par trente et une fenêtres faites de pierres à jour et de carreaux de vitres de diverses couleurs : une lumière très douce descend de ces singulières ouvertures. Un escalier composé de vingt-deux marches mène à une crypte creusée dans le rocher. Cette crypte vénérable est le lieu consacré au berceau de la Vierge Marie.

*
* *

La Basilique de l'Assomption, ou vénérable tombeau de la Très Sainte Vierge, est desservie par tous les chrétiens des rites dissidents de Jérusalem : Grecs, Arméniens, Cophtes, Abyssins et Syriens. Les Musulmans eux-mêmes y ont un endroit réservé pour faire leur prière. Les catholiques latins ne peuvent célébrer les Saints Mystères dans ce sanctuaire. Un escalier en pente douce de 48 marches conduit à une construction souterraine creusée dans le rocher. Aucune sculpture ne la décore et l'obscurité y est complète. Dans une petite chapelle se trouve le sépulcre dans lequel fut déposé le corps de la Très Sainte Vierge, jusqu'au jour de sa glorieuse Assomption. Ce tombeau est taillé dans le roc vif en forme d'auge. D'après la Tradition, la basilique de l'Assomption renfermerait les tombeaux de Saint Joachim, de Sainte Anne, de Saint Joseph et du vieillard Siméon.

*
* *

Suivant la prophétie de Joël et la croyance commune, c'est dans la vallée de Josaphat que doit s'accomplir le Jugement dernier. La longueur de cette vallée est de 4 kilomètres sur une largeur de 200 mètres. Elle est enfermée par les monts du Scandale, des Oliviers et des Viri Galilæi, le mont Scorpus, les monts Bézétha, Moriah et Ophel. Elle est parsemée de pierres sépulcrales et renferme dans sa partie supérieure les tombeaux d'Absalon, de Josaphat, de Jacques-le-Mineur, de Zacharie. Sur le flanc du mont du Scandale, on aperçoit le village de Siloë, un peu plus loin on voit la léproserie.

Vers Bir-Ayoud, la vallée change son nom en celui de vallée de Feu. En suivant le lit desséché et pierreux du torrent du Cédron on parvient à la vallée du Fils d'Hennom rendue célèbre par l'idole de Moloch. On l'appelle encore la vallée du Carnage, de la Géhenne ou du Topheth.

*
* *

A Jérusalem on distingue trois religions principales : la religion juive, la religion chrétienne et le mahométisme.

Parmi les catholiques, la majeure partie appartient au rite latin ; il y a aussi des Grecs et des Arméniens unis.

Le clergé se compose de prêtres séculiers et de prêtres réguliers. Les premiers ont à leur tête le Patriarche latin, les seconds sont représentés par les Franciscains, les religieux Melchites, les Pères de l'Assomption, les Pères missionnaires d'Afrique, les Pères Dominicains, les Pères de Sion, et tant d'autres.

Les Franciscains, ou Frères Mineurs, ou Pères de Terre-Sainte, sous la conduite de Saint François d'Assise, vinrent, en l'an 1219, fonder un couvent de leur ordre près de la Ville Sainte.

Les Franciscains ont pour supérieur le Révérendissime Père Gardien du mont Sion, Custode des Saints-Lieux. Le Père Custode, qui est toujours un Italien, réside à Jérusalem dans le couvent de Saint-Sauveur. Dans l'intérieur de ce couvent on peut visiter l'église paroissiale latine due en grande partie à la munificence de Sa Majesté François-Joseph Ier, empereur d'Autriche.

*
* *

Autrefois les Chrétiens qui osaient franchir le seuil de la mosquée d'Omar étaient punis de mort ; depuis la guerre de Crimée il est possible de parcourir cet édifice, mais à la condition d'être muni d'une autorisation du Pacha de Jérusalem ; cette mosquée est aux yeux des Musulmans le lieu le plus vénérable et le plus saint, après La Mecque et Médine.

Par la porte Bab-el-Kattanine nous arrivons à l'esplanade du Hharam esch-Charif et nous nous trouvons sur le Mont Moriah où Salomon éleva à la Gloire du Très-Haut le plus beau temple du monde. Cet édifice merveilleux subsista 406 ans, puis il fut brûlé par Nabuchodonosor. Au retour de la captivité des Juifs, Zorobabel éleva en l'honneur de Jéhovah un temple nouveau qui devait être glorifié par la venue du Messie. Titus, 37 ans après la mort du Sauveur, renversa ce temple qui était l'orgueil des Juifs.

Sur son emplacement, le Khalife Omar fit construire, en 636, la première mosquée qui porte son nom ; Abdel-Melek Ibn-Mérouan, 55 ans plus tard, fit démolir et rebâtir cette mosquée qui, fortement endommagée en 1027 par un tremblement de terre, fut reconstruite telle que nous la voyons aujourd'hui. De forme octogonale, elle est une merveille de légèreté, d'élégance et d'harmonie ; la coupole est surmontée d'une aiguille qui porte un immense croissant.

Pour entrer dans une mosquée il faut, ou bien se déchausser, ou accepter d'affreuses babouches ; nous remplissons cette formalité sous un petit dôme soutenu par 17 colonnes formant deux cercles entièrement à jour, et sur un beau pavé en marbre de diverses couleurs qui recouvre le sol où jadis se trouvait l'autel des holocaustes devant le Temple de Jéhovah.

Nous pénétrons dans la mosquée : sur les riches panneaux du pourtour, au milieu de sculptures, de peintures et de capricieuses arabesques, se dessinent les versets du Koran gravés en lettres d'or. La coupole est soutenue par deux rangées de piliers et de colonnes qui partagent le monument en trois parties. Les plafonds sont à caisson et les fenêtres sont au nombre de 56, dont 16 toujours murées. Dans ces fenêtres sont enchâssés en une épaisse monture de plâtre, de simples verres coloriés et juxtaposés ; un grillage de faïence compose la fermeture extérieure. Les verrières qui ne ressemblent en rien à nos vitraux, sont des chefs-d'œuvre : il en descend une lumière infiniment douce, pailletée de couleurs exquises. La mosquée est entièrement décorée de peintures qui représentent des branches de feuillages se mêlant à des dessins géométriques ; on y voit aussi des fruits où dominent le raisin et les tiges de blé, le tout couronné de fleurs aux formes fantastiques ; quant aux figures d'êtres animés, elles ne sont pas représentées, le Koran s'y opposant formellement.

Sous la coupole se trouve la Sakhrah, rocher sur lequel Abraham établit le bûcher où il se disposait à immoler son fils Isaac ; en ce même endroit on pouvait voir jadis l'autel dressé par David sur l'aire d'Ornan le Jébuséen.

Quand Salomon bâtit son Temple, ce rocher était enfermé au milieu de la partie la plus sacrée du Saint des Saints, c'est là que fut conservée l'Arche d'Alliance jusqu'au jour où le prophète Jérémie, prévoyant la destruction du Temple, l'enleva et la cacha sur le Mont Nébo en même temps que le Tabernacle et l'autel des encensements.

La Sakhrah s'élève d'un mètre au-dessus du sol, elle est entourée d'une balustrade en bois travaillé avec art. Dans la crypte, un iman nous montre sur le rocher l'empreinte du turban de Mahomet qui, transporté de La Mecque en une nuit par El-Borak sa magnifique jument blanche, était venu prier en cet endroit très vénéré par les Musulmans. Par une toute petite ouverture, Mahomet monté sur El-Borak se mit en route pour le Ciel afin de traiter directement avec Dieu. Dans la mosquée on peut voir l'empreinte de la main de l'Archange Gabriel, celle d'un des pieds de Mahomet, deux poils de la barbe du prophète et un Koran ayant appartenu au Khalife Omar. En face de la porte Bab-el-Djenneh — porte du Paradis — et dans la première nef circulaire de l'édifice, se trouve une belle plaque de jaspe, et la légende nous dit qu'il y avait eu là 19 clous en or fixés par Mahomet et destinés à marquer le temps que devait durer le monde. A la fin de chaque siècle, un clou disparaissait pour aller consolider le trône d'Allah. Mais, un beau jour, le Malin Esprit entrant par la porte Bab-el-Djenneh se mit à arracher et à voler ces clous afin d'accélérer la fin des temps. Surpris par l'Ange Gabriel dans son travail diabolique, il fut battu et chassé de ce séjour sacré. Cependant, de temps en temps le démon revient pour enlever les trois clous qui restent encore enfoncés dans la plaque de jaspe. Quand Satan trouve de l'argent sur la plaque, il se contente de l'emporter et ne touche pas aux clous. Nous mettons quelques piécettes sur les clous restants pour retarder la fin du monde... et c'est un bon vieux musulman, à belle barbe blanche, qui les empoche ! (*)

On raconte encore bien d'autres légendes, mais il est temps de nous rendre à la mosquée El-Aksa qui est située sur l'emplacement de l'église de la Présentation de la Sainte-Vierge.

Un porche voûté à sept arcades de front

(*) Nous venons d'apprendre que le vieux musulman est parti tout récemment pour un monde meilleur.

sur une arcade de profondeur, correspond aux sept nefs qui composent cet édifice soutenu par des colonnes de marbre aux couleurs variées où le vert antique domine. Les chapiteaux de ces colonnes sont de style corinthien et byzantin.

La mosquée est surmontée d'une coupole. Le Mihhrâb, vers lequel les Musulmans se tournent pour faire leur prière, est orné de jolies colonnettes et il est peint en mosaïque ; tout près du Mihhrâb s'élève le Mimbar, belle et artistique chaire délicatement sculptée à Alep. A côté de la chaire sont placés deux autres Mihhrâbs, l'un est dédié à Moïse, l'autre à Aïssa (Jésus). C'est dans ce dernier qu'on remarque l'empreinte d'un des pieds de Notre-Seigneur : il est peu probable que ce soit celle qui manque au lieu de l'Ascension.

Dans cette mosquée, on vous montre très rapprochées les deux colonnes de l'épreuve et voici leur légende : « Bienheureux l'homme qui peut se faufiler entre elles deux, car, après sa mort, il ira droit en Paradis ». Un fidèle de l'Islam voulut, en août 1881, malgré son embonpoint, forcer ce redoutable passage : il mourut sur place.

Pour prévenir le retour d'accidents semblables, le haut clergé musulman a fait placer dans l'espace libre entre ces deux colonnes, des barres de fer surmontées d'un croissant. A la sortie de la mosquée El-Aksa nous quittons nos babouches et, descendant un escalier de 32 marches, nous pénétrons dans un souterrain immense : au temps de Salomon on y plaçait les approvisionnements, et à l'époque des Croisades, les Templiers y logeaient leurs chevaux et leurs bêtes de somme.

Les voûtes en plein-cintre de ce souterrain sont portées par 88 piliers carrés.

MUR DES PLEURS DES JUIFS

Devant le mur qui servait autrefois d'enceinte au Temple de Salomon, tous les vendredis, excepté celui qui fait partie de la fête des Tabernacles, les Juifs viennent prier, pleurer leurs péchés et gémir sur les maux qui les accablent depuis 20 siècles.

JÉRICHO,
LE JOURDAIN, LA MER MORTE

Pour parvenir jusqu'à Jéricho, il nous faut subir une marche de six à sept heures, la distance à parcourir est en effet de 25 kilomètres.

Jérusalem ayant une altitude de 779 mètres et Jéricho se trouvant au contraire à 393 mètres au-dessous du niveau de la Méditerranée, force nous est de descendre constamment en zig-zag.

Nous franchissons la porte Bab sitti-Mâriam et nous voici devant le jardin de Gethsémani, la vallée de Josaphat et le champ où Notre-Seigneur maudit le figuier stérile. Nous côtoyons le bourg de Béthanie où le Sauveur aimait à se rendre dans la maison de Marthe, de Marie-Madeleine et de leur frère Lazare. Maintenant Béthanie est un pauvre village habité par quelques Musulmans. Nous passons devant la grotte souterraine qui fut le tombeau de Saint Lazare et un peu plus loin nous voyons une très vieille tour prête à s'écrouler. La reine Mélissende, femme de Foulques d'Anjou, la fit bâtir, en 1138, pour fortifier et défendre l'ancien couvent des Bénédictines où une de ses sœurs, appelée Ivette, avait pris le voile.

De la route, nous apercevons le haut et orgueilleux campanile russe qui domine tout le pays. Nous passons rapidement devant la fontaine des Apôtres et nous entrons dans une contrée maudite et désolée ; c'est d'une tristesse infinie. Des montagnes jaunes, grises, rougeâtres, d'un aspect morne, aride, des pierres et encore des pierres.

Les oiseaux sinistres planent lourdement au-dessus de nos têtes ; sur le chemin nous rencontrons des Arabes qui se disputent à cause d'un pauvre chameau décharné et lamentable, couché sur le bord de la route où il va mourir.

Arrivés dans un endroit affreusement désert, nous nous arrêtons au Khan-El-Ahhmar où la Tradition place la parabole du bon Samaritain. Les chevaux se reposent, tandis que nous entrons dans ce grand caravansérail entouré de hautes murailles. Au milieu d'une immense salle un Syrien vend des objets et des bijoux de la Palestine.

Sur une colline voisine du Khan est bâtie depuis fort longtemps une forteresse nommée Kalâah-ed-dam (le château du sang). Ce château est élevé en ce lieu désert pour assurer la sécurité des voyageurs et n'a rien de tragique. Depuis le commencement de cette excursion, dans la crainte d'être attaqués par des voleurs, nous sommes accompagnés de deux Bédouins, superbes sur leurs beaux chevaux fringants et richement harnachés. Ces Arabes ont le sabre au côté et sont armés de fusils, de poignards, de revolvers.

Nous remontons en voiture et au galop nous nous engageons dans une gorge triste, sauvage. La chaleur devient excessive, la poussière nous aveugle, des mouches insupportables nous tourmentent. Si nos chevaux venaient à glisser nous risquerions fort de tomber au fond d'un précipice malgré le petit parapet qui n'offre qu'un semblant de garantie. Souvent, sur le chemin, nous rencontrons des Bédouins à cheval; leurs pauvres femmes en guenilles, suivent à pied avec les enfants ; puis, arrivent de longues files de chameaux, de gentils petits ânes résignés sous le poids d'énormes charges de toute sorte.

Quelques Bédouins nous saluent en montrant des dents d'une éblouissante blancheur que leur teint bruni fait ressortir admirablement ; mais le regard de ces Arabes est faux et mauvais.

De temps en temps nous remarquons des vestiges d'un ancien aqueduc. Nous continuons la route qui est interminable : on croit entrer dans l'éternité. On s'hypnotise en regardant ces montagnes arides, on est pris d'un malaise indescriptible, on souhaite de sortir au plus vite de ce chemin de désolation ! Toujours, d'un côté ces montagnes figées, de l'autre ce terrible précipice au fond duquel coule une petite nappe d'eau. Au-dessus de ce torrent, à la paroi de rochers abrupts est suspendu le couvent Deïr-El-Kelt ou de Saint-Georges, qui remonte à l'époque des Esséniens contemplatifs. Il forme, avec les grottes des alentours, la fameuse Laure de Koziba, dont le fondateur appelé Jean, fut un moine renommé pour sa sainteté. Ce couvent, abandonné depuis sept siècles, tombait en ruines. Il y a 28 ans, des religieux Grecs schismatiques se mirent à le restaurer et ils l'occupent depuis cette époque. Pour arriver à leur monastère, ils se servent d'échelles de cordes, ou se font hisser dans de grandes corbeilles. Au-dessus du gouffre, on distingue un pont en maçonnerie qui fut achevé en 1883.

La Tradition rapporte qu'en cet endroit si pittoresque, si sauvage, le prophète Élie, sur l'ordre de Dieu, vint se cacher : il buvait l'eau du torrent et fut nourri par un corbeau.

Par un chemin des plus dangereux nous arrivons à la pauvre Jéricho moderne, jadis une puissante place-forte que Josué prit aux Chananéens.

Hérode avait embelli cette ville ; à grands frais, il fit bâtir des palais, un hippodrome, un amphithéâtre, des gymnases, des bains et un château appelé Cypros, du nom de sa mère. L'ancien séjour de ce roi de Judée, cruel et odieux, est maintenant un misérable bourg perdu en une immense plaine ; il se compose de quelques hôtels qui reçoivent les touristes, de pauvres huttes, d'affreux gourbis, d'un vieux petit château occupé par les Bachibouzouks et d'un camp de Bédouins.

Jéricho, aujourd'hui Rihha, longtemps appelée la ville des palmiers, appartient au Sultan.

Les voitures, après avoir traversé ce village, nous mènent à la fontaine d'Élisée qui est une des plus belles sources de la Palestine ; ses eaux amères furent changées en eaux douces par le prophète auquel les habitants de Jéricho doivent ce miracle.

Nous nous arrêtons un moment au pied de la montagne de la Quarantaine où Notre-Seigneur jeûna quarante jours et quarante nuits, et où il fut ensuite tenté par le démon.

Peu après, nous arrivons à l'hôtel de Bellevue qui nous ouvre ses portes pour la nuit. Dans l'obscurité, il devient dangereux de se promener dans les jardins de cet hôtel infesté de bêtes venimeuses ; aussi, nous nous empressons de gagner la porte qui donne sur la route, et, par un admirable clair de lune, nous voyons arriver deux jeunes Bédouines qui nous font un grand plaisir en jouant des airs bizarres sur une petite flûte. Je leur donne « Bakchiche » et aussitôt, d'un geste aussi souple que rapide, l'une des deux gracieuses Arabes porte ma main à sa bouche, à son cœur, à son front.

A 5 heures, nous montons en voiture et par la nuit noire nous roulons sur une plaine immense ; au lever du jour, nous arrivons devant le Jourdain.

Sur le bord du fleuve, près de l'endroit où Notre-Seigneur reçut le baptême, des autels portatifs sont dressés, nous assistons à la Sainte Messe pendant que les petits oiseaux font entendre leurs chants mélodieux dans les buissons verdoyants qui entourent les rives du Jourdain.

Par un chemin épouvantable, au milieu de pierres, de collines rocheuses, dans un silence effrayant, nous voici devant la Mer Morte qui, depuis bien des siècles, recouvre les villes dont les crimes attirèrent la colère de Dieu ! La Mer Morte est enserrée par deux immenses chaînes de montagnes, celles de Juda, et celles de Moab ; sa longueur est de 72 kilomètres, sa largeur de 17 kilomètres et sa plus grande profondeur de 397 mètres ; son eau est exécrable au goût, on peut s'y baigner sans danger, mais il est impossible d'y plonger, tant l'eau est lourde et bitumineuse.

BETHLÉEM

Une route carrossable, bien entretenue, nous mène à Bethléem ; sur le chemin nous voyons des Juifs qui se rendent en pèlerinage au tombeau de Rachel.

Placée sur une montagne de pierre calcaire, la ville est environnée de vallées fertiles plantées d'arbres et de vignes.

La Basilique de la Nativité du Sauveur est aujourd'hui entre les mains des Grecs et des Arméniens dissidents.

De la belle église franciscaine de Sainte-Catherine, un escalier nous conduit à la grotte de la Nativité. Sur le sol sacré qui vit naître le Divin Sauveur, au milieu d'une plaque de marbre, est placée une étoile en argent ; autour du disque sont gravés les mots suivants : « *Hîc de Virgine Marià Jesus-Christus natus est.* » — « Ici Jésus-Christ est né de la Vierge Marie. » — Après avoir descendu trois marches, on entre dans l'oratoire de la crèche où la Vierge Sainte couchait l'Enfant-Dieu.

En suivant un petit couloir creusé dans le rocher on arrive aux grottes souterraines : c'est d'abord une chapelle dédiée à Saint Joseph, ensuite celle des Saints Innocents ; par un autre couloir où se trouve l'autel de Saint Eusèbe de Crémone, on arrive à la chapelle des Tombeaux de Sainte Paule, de Sainte Eustochie, de Saint Jérôme, et de ce sanctuaire on passe dans son oratoire où il écrivait ses apologies et traduisait la *Vulgate.*

Les Pères de Terre-Sainte en 1375, convertirent en petite église la Grotte du Lait. La tradition nous apprend qu'au moment de la fuite en Égypte la Sainte Famille se réfugia dans cette grotte abandonnée. En allaitant son Divin Fils, la Sainte-Vierge laissa tomber quelques gouttes de son lait virginal qui donna à la pierre de la grotte la vertu d'en procurer aux jeunes mères qui nourrissent leurs nouveau-nés.

De la Grotte du Lait on aperçoit au loin le champ des Pasteurs où les Anges du Seigneur annonçaient la naissance du Messie aux bergers qui eurent le bonheur d'entendre la milice céleste chanter en chœur : « Gloire à Dieu au plus haut des Cieux, et, sur la terre, paix aux hommes de bonne volonté ».

IMPRIMERIE

DE LA

SOCIÉTÉ TYPOGRAPHIQUE DE CHATEAUDUN

www.ingramcontent.com/pod-product-compliance
Lightning Source LLC
LaVergne TN
LVHW050105060726
842524LV00003B/930